Fernando Carraro

Terra, nossa casa!
SANEAMENTO BÁSICO, DIREITO DE TODOS

Ilustrações
Isabela Santos

1ª edição

São Paulo – 2015

FTD

Copyright © Fernando Carraro, 2015
Todos os direitos reservados à
EDITORA FTD S.A.
Matriz: Rua Rui Barbosa, 156 – Bela Vista – São Paulo – SP
CEP 01326-010 – Tel. (0-XX-11) 3598-6000
Caixa Postal 65149 – CEP da Caixa Postal 01390-970
Internet: www.ftd.com.br
E-mail: projetos@ftd.com.br

Diretora editorial
Ceciliany Alves

Gerente editorial
Valéria de Freitas Pereira

Editora
Rosa Visconti Kono

Editor assistente
Luiz Gonzaga de Almeida

Preparadora
Elvira Rocha

Revisora
Marta Lúcia Tasso

Editora de arte
Andréia Crema

Projeto gráfico e diagramação
Solo Studio Design

Editoração eletrônica
Sheila Moraes Ribeiro

Diretor de operações e produção gráfica
Reginaldo Soares Damasceno

Dados Internacionais de Catalogação na Publicação (CIP)
(Câmara Brasileira do Livro, SP, Brasil)

Carraro, Fernando
 Terra, nossa casa! : saneamento básico, direito de todos / Fernando Carraro ; ilustrações Isabela Santos. – 1. ed. – São Paulo : FTD, 2015.

 ISBN 978-85-96-00020-8

 1. Ensino fundamental 2. Meio ambiente 3. Saneamento básico I. Santos, Isabela. II. Título.

15-06094   CDD-372.357

Índice para catálogo sistemático:
1. Meio ambiente : Ensino fundamental   372.357

Ao grande Osvaldo Cruz (1872-1917), um dos maiores sanitaristas que o Brasil já teve. Entre outras realizações, coordenou, em 1903, as campanhas de erradicação da febre amarela e da varíola na então capital do Brasil, o Rio de Janeiro.

A todos os brasileiros que ainda vivem em situações degradantes e desumanas por ainda não contarem com os benefícios do saneamento básico.

A todas as autoridades sanitárias, a fim de que tenham um olhar especial voltado às comunidades que ainda não dispõem do saneamento básico.

"A água potável e limpa constitui uma questão de primordial importância, porque é indispensável para a vida humana e para sustentar os ecossistemas terrestres e aquáticos."

Papa Francisco, encíclica *Laudato si' – sobre o cuidado da casa comum*, 2015.

- **6** Início de ano
- **8** O caminhão
- **10** Carta ao empresário
- **14** Apoio da professora
- **18** A visita
- **22** Força total nos estudos
- **24** Formatura
- **28** Enfim, mãos à obra
- **30** Epílogo

Início de ano

Era início de fevereiro. O ano ia começando, e a gente já estava pegando o embalo na escola.

Eu e meus pais ainda estávamos abalados com o que acontecera com minha irmãzinha. Por conta de uma forte diarreia, com febre e vomitando muito, foi levada por meus pais às pressas ao Pronto Socorro. Com o agravamento do seu estado de saúde, transferiram-na para a Santa Casa. Ela quase morreu.

Foi um grande susto. A gente via isso acontecer com outras crianças da comunidade, mas, quando aconteceu com a nossa família, ficamos preocupados.

No final da primeira semana de aulas, a professora avisou:

– Amanhã vai ser um dia legal aqui. Lembrem-se dos presentes que aquele empresário costuma mandar para a escola, para serem distribuídos a vocês?

– Sim – respondemos todos.

– Então, a entrega vai ser amanhã. Podem trazer seus pais, que vai ser uma festa bem agradável.

– O que nós vamos ganhar este ano, professora?

– Ainda não sei, mas os presentes são sempre bons, não é?

– É sim, professora! – vários alunos falaram ao mesmo tempo.

– Então, estamos combinados. Amanhã, às 9 horas.

A classe se agitou. Muitos começaram a falar, tentando imaginar os presentes que ganhariam. Outros ficaram conversando, esperando o tempo passar. Foi o que fiz. A aula terminou e fomos para casa. A maioria dos alunos era da comunidade em que eu morava.

O caminhão

No sábado de manhã, fui um dos primeiros a chegar e logo vi o caminhão, no estacionamento da escola. Era um desses caminhões com carroceria fechada, por isso não dava para ver o que tinha dentro.

Mas é claro que eu sabia que ali estavam nossos tão aguardados presentes.

A turma foi chegando, muitos acompanhados dos pais e irmãos pequenos. Lá pelas 9 horas, todos estávamos no pátio da escola, ansiosos e agitados. O caminhão já tinha sido descarregado, mas a carga ainda estava num canto, coberta com lona. Era muita coisa, dava para notar.

Então a diretora e os professores começaram a distribuição. Tinha presente de todo tipo: desde brinquedos mais comuns, como carrinhos, jogos e bonecas, até roupas de vários tipos e tamanhos. E, este ano, uma novidade: havia também livros para serem distribuídos.

E essa foi a minha sorte!

Ganhei um livro muito legal. Ele apresentava artigos de pessoas contando suas experiências em defesa do meio ambiente. Eram biólogos, engenheiros ambientais, professores e outros profissionais analisando diversos aspectos da educação ambiental.

Foi o melhor presente que eu já tinha ganhado, porque mudou a minha vida.

Em casa, levei vários dias lendo o livro. Estava adorando, e um dos artigos me fez pensar muito: falava sobre a importância do saneamento básico. Eu não sabia nada sobre aquele assunto e fiquei impressionado ao ver como aquelas coisas coincidiam com a realidade da minha comunidade: tratamento de água, limpeza urbana, esgoto... E o artigo destacava que isso tudo afetava diretamente a saúde das pessoas. Aí me lembrei do sofrimento de minha irmãzinha, e tudo se encaixou.

Carta ao empresário

Um dia, depois de pensar bastante no assunto, resolvi fazer algo. Aquele livro mexeu mesmo comigo, e tomei a decisão de escrever uma carta ao empresário que doara os presentes para a escola. Não sabia nem se a carta chegaria às mãos dele, e se chegasse, se ele a leria. Mas eu precisava fazer isso. Afinal, o que eu tinha a perder?

Peguei uma caneta e algumas folhas de papel e comecei...

Prezado senhor Rogério. Desculpe incomodá-lo em seu trabalho, mas eu preciso falar com o senhor. Sou um dos alunos daquela escola para onde o senhor mandou aqueles presentes.

Tenho 10 anos, e estou escrevendo porque, naquele dia, eu tive a sorte de ganhar um livro, e esse livro não sai da minha cabeça. Ele diz respeito ao meio ambiente. O que eu mais gostei foi do texto sobre saneamento básico, porque moro aqui neste bairro que não tem quase nada desses serviços.

Sabe, senhor, com esse livro aprendi muita coisa sobre saneamento básico, que é, entre outras coisas, o sistema de água encanada e tratada, o esgoto sanitário e a coleta de lixo.

E agora sei que isso tem tudo a ver com saúde e qualidade de vida.

Na comunidade em que eu moro não tem saneamento básico, a não ser água encanada, mas não para todos. Várias crianças já morreram aqui por causa desse problema. A professora explicou que são tantas as doenças causadas pela falta de saneamento básico, que nem vou conseguir lembrar o nome de todas elas.

Essas doenças matam todos os anos milhões de pessoas no mundo, principalmente crianças até 5 anos. Aqui onde eu moro, o esgoto das casas corre numa vala a céu aberto e deixa um mau cheiro muito forte.

O lixo é outro problema. Tem gente que não respeita e joga lixo em qualquer lugar. Aí fica pior ainda, porque a coleta acontece só de vez em quando. Por causa do lixo acumulado, enquanto não é recolhido, e do esgoto a céu aberto, aparece um monte de bichos, como ratos, baratas...

Minha mãe tem dois gatos. E sabe pra quê? Para caçar ratos. Eles estão por toda parte. Entram pelo telhado, pelo assoalho, pelas paredes, por tudo. Às vezes, quando chove forte, a situação fica mais complicada, com as casas sendo invadidas pelas águas, trazendo um monte de bichos e sujeira...

E olha que nem água temos para lavar a casa, porque nem todos têm água encanada. Alguns usam água de poço, correndo risco de estar contaminada pelo esgoto e pelo lixo. Aqui em casa, como usamos poço, minha mãe sempre ferve e filtra a água que a gente bebe, mas nem todo mundo faz isso.

Minha irmãzinha ficou muito doente poucos dias atrás. E o médico que cuidou dela disse que a falta de saneamento básico é, sim, a causa de um monte de doenças.

E agora eu li, nesse livro que ganhei, várias dicas para a gente se prevenir. Por exemplo: tomar somente água tratada; lavar bem as mãos e mantê-las sempre limpas; não andar descalço porque o contato com o chão contaminado, pelo lixo e pelo esgoto, contribui para as doenças se espalharem; não andar na água da chuva, para não contrair doenças; e não jogar lixo no chão, porque isso atrai animais indesejáveis.

Uma reportagem que eu vi na televisão mostrou a situação vergonhosa de muitos lugares no Brasil e no mundo por falta de saneamento básico. Alguns dos lugares mostrados se parecem bastante com a minha comunidade.

Quando entrevistaram o prefeito de uma cidade onde acontecia isso, ele disse que o problema não era tanto a falta de dinheiro, e sim a falta de bons projetos e de pessoas capacitadas para realizá-los. E que era também importante a colaboração da comunidade. Como a prefeitura dele não conta com nenhum profissional especializado em realizar projetos nessa área, ele estava com dificuldade para solucionar os problemas mostrados pela reportagem.

Quando o repórter perguntou que tipo de profissional realizaria esses projetos, o prefeito respondeu que seria o engenheiro ambiental e sanitário. Foi aí que eu descobri que existia essa especialidade de Engenharia, que projeta a realização de obras de saneamento básico.

Então, pensei que, se me tornasse engenheiro ambiental sanitário, poderia realizar um projeto de saneamento básico para a minha comunidade. E, depois, até para outras comunidades que estivessem na mesma situação.

Acontece que ainda estou no 5º ano do ensino fundamental, e tenho que estudar muito ainda. Até aí, tudo bem, porque vontade de estudar e ser alguém na vida eu tenho. Mas, e o dinheiro para pagar os estudos?

Por isso, criei coragem e resolvi escrever esta carta para fazer um pedido ao senhor. Será que haveria possibilidade de o senhor me ajudar a pagar os meus estudos, quando chegar a hora de eu ir para a faculdade?

Se não for possível, não tem problema. Eu sei que nem tudo acontece como a gente quer e na hora que a gente quer. Sei que as coisas têm a hora certa para acontecerem. Isso eu sei muito bem.

Que Deus abençoe o senhor e lhe dê muita saúde, e obrigado pelos presentes que o senhor mandou para nós.

E me desculpe por ocupar o seu tempo lendo uma carta tão comprida.

Donato.

Naquela noite, enquanto o sono não vinha, fiquei pensando se tinha valido a pena eu ter feito aquele pedido. Mas não, eu não podia voltar atrás. Foi uma carta sincera, que saiu do fundo do meu coração. Pronto. Estava escrita.

Apoio da professora

Agora eu tinha que dar um jeito de mandar a carta para o doutor Rogério, o empresário. Em casa, ninguém tinha condição de me ajudar. Achei, então, que o melhor seria me aconselhar com minha professora, dona Stela.

No dia seguinte, depois da aula, chamei-a no corredor, dizendo que precisava falar com ela sobre um assunto particular.

– Claro, Donato! Podemos entrar aqui nesta sala, veja, não tem ninguém – ela respondeu.

Sentamos em duas carteiras, e eu, procurando coragem no fundo do meu coração, falei:

– Professora, tenho um assunto muito sério pra falar com a senhora.

– Nossa, Donato! O que foi? É sobre sua irmãzinha? Ela piorou?

– Não, professora. Ela já está boa, graças a Deus. É sobre o meu futuro. Lembra aquele livro que eu ganhei na entrega de presentes? Pois é, já li ele inteirinho e adorei.

– Ah, que bom, Donato! Eu vi, o livro trata do meio ambiente, não é?

– Isso. É excelente! E lá tem um capítulo inteiro que fala de saneamento básico, que me interessou muito. Conta de experiências bem reais relacionadas às condições sanitárias de algumas cidades. Até parecia que o artigo estava falando da minha comunidade.

– É mesmo? E por que isso chamou tanto a sua atenção? – perguntou a professora, muito interessada.

– Porque, quando minha irmãzinha quase morreu, o médico falou que provavelmente ela ficou doente por causa da falta de saneamento básico, que traz muitas doenças. Fiquei muito preocupado, querendo entender mais do assunto. E então ganhei esse livro, falando do tema e de muitas outras coisas.

— E por que você quis falar comigo? Era só para me contar isso?

— Não, professora — eu disse, e fui muito sincero. — É porque, pensando nisso tudo, eu tomei uma decisão, fiz uma coisa, e quero pedir a ajuda da senhora para levar adiante.

— Claro, Donato, pode falar.

— Escrevi uma carta. Tive uma ideia sobre o que eu quero fazer quando crescer, mas vou precisar de muita ajuda. Quero mandar uma carta para o empresário que doa esses presentes para nós, todos os anos, para ver se ele pode pagar meus estudos quando eu for fazer faculdade. Lendo esse livro, descobri que o que eu mais gostaria de estudar é Engenharia Ambiental e Sanitária.

— Mas que beleza, Donato! — falou a professora Stela. Dava para ver que ela estava ficando emocionada.

— É, professora, e, como a senhora sabe, minha família não tem condições. Então me enchi de coragem e resolvi escrever essa carta ao senhor Rogério. Mas alguém precisa entregá-la a ele. Eu não sei nem onde ele mora.

— Donato, fique tranquilo, eu vou ajudá-lo. Pode deixar a carta comigo, eu tenho como fazer chegar até ele.

— Ah, que bom, professora! E a senhora acha que eu posso ter alguma esperança?

— Acho, sim, Donato! Conheço o doutor Rogério, porque acompanho os detalhes dessas doações que ele faz todo ano, e sei que ele é um homem sensível. Vou dizer a ele, quando entregar sua cartinha, que você é o melhor aluno de sua classe, um menino estudioso, de uma família pobre, e que merece todo apoio para continuar os estudos. Tenho fé que ele vai pelo menos pensar no assunto.

— Muito obrigado, professora. A senhora está sendo muito boa comigo.

— Você merece, Donato.

A visita

O tempo foi passando. Já era quase o mês de maio, quando, um dia, após a aula, a professora veio me avisar:
– Donato, pediram-me para levá-lo até a diretoria. Venha comigo.
Assustado, acompanhei a professora. Enquanto caminhávamos pelo corredor, perguntei, nervoso:
– O que será que aconteceu, professora?!
– Não sei. Uma pessoa quer conversar com você.
– Comigo?
– Sim, com você.
– Mas quem? – quis saber, ainda mais nervoso.

– Um homem. Ele está na diretoria aguardando.

– Um homem? Nossa, o que poderia ser?

Ao entramos na sala da diretora, o homem levantou-se e, gentilmente, me cumprimentou:

– Então você é o Donato?

– Sim, sou eu. Por quê, senhor? Pelo amor de Deus, aconteceu alguma coisa com a minha família?

– Fique tranquilo que está tudo bem. Estou aqui por causa de uma carta. Você não escreveu uma longa carta, recentemente?

– Ah! Já sei! O senhor é o doutor Rogério, o empresário?

– Sim, eu mesmo. Vim aqui dizer que recebi sua carta e que pensei bastante nela. Sua história me comoveu, viu?

Força total nos estudos

Quando terminei o 9º ano, tive que me mudar de escola para cursar o Ensino Médio. Aos poucos, fui ganhando amigos. Foram três anos bem puxados, nos quais dei o máximo de mim.

Depois veio a faculdade. Foram mais cinco anos de muito estudo, muitas descobertas e amizades. Eu estava adorando o curso de Engenharia Ambiental e Sanitária. Cada coisa nova que eu aprendia, já pensava em aplicar na minha comunidade.

A faculdade foi bem difícil. Mas eu nunca perdi o foco: meu propósito era estudar muito e me formar para realizar o sonho de levar saneamento básico para a minha comunidade e para muitas outras.

O curso foi bastante abrangente, envolvendo desde fundamentos e conceitos básicos sobre clima, controle ambiental e saúde pública, por exemplo, até a realização obrigatória de estágio, com o desenvolvimento e o acompanhamento de projetos ambientais.

O fato é que terminei o curso bem preparado e animado para exercer a profissão.

Formatura

Cinco anos de faculdade haviam se passado, e chegou o dia mais esperado da minha vida: a formatura. Eu estava muito ansioso, também porque fora escolhido para ser o orador da turma.

Nós, formandos, estávamos acomodados no palco do auditório lindamente decorado, esperando pelo momento em que a grossa cortina vermelha de veludo se abrisse. Na nossa frente, ocupando uma longa mesa, estavam a diretoria, os professores e autoridades da cidade. Sobre a mesa, garrafas de água mineral, copos descartáveis, flores e... os nossos cobiçados canudos de veludo verde.

No auditório lotado estavam os convidados, familiares, amigos e colegas de faculdade... Quando a cortina se abriu, fomos acolhidos por uma calorosa salva de palmas. O Hino Nacional, cantado em seguida, fez marejar os olhos de muitos...

Após alguns discursos, minhas pernas bambearam quando o som do alto-falante anunciou: "Agora, convido a falar o orador da turma, Donato Geraldo Barbosa, que concluiu o curso de Engenharia Ambiental e Sanitária".

Fui até o microfone e, nervoso e emocionado, li o texto que havia preparado:

Senhores professores e autoridades presentes.

Queridos colegas, a quem agradeço a honra de representá-los.

Quando eu tinha 10 anos, ganhei de presente, na escola em que estudava, um livro. Não estou falando do livro didático, que todo mundo tem. Era um livro diferente, que falava de um assunto que não era matéria de nossas aulas, um livro que discorria sobre a importância do meio ambiente. E foi um capítulo desse livro que acabou determinando os rumos de minha vida até a chegada a esta cerimônia emocionante. Era um capítulo que tratava do saneamento básico.

 Eu assistira na TV a uma reportagem sobre as dificuldades enfrentadas por milhões de pessoas, no Brasil e no mundo, por causa da falta de saneamento básico. A comunidade onde eu morava era um desses casos. Fiquei sabendo que a cada 15 segundos morre uma criança no mundo com idade de até 5 anos por doenças causadas pela falta de saneamento básico. São mais de três milhões por ano. E essa situação é inadmissível.
 Por isso, criei coragem e escrevi uma carta a um empresário. Com a intenção de acabar com o sofrimento das pessoas da minha comunidade vítimas da falta de saneamento, pedi uma bolsa de estudos para que eu pudesse me formar engenheiro ambiental e sanitário.
 Algum tempo depois, recebi na escola uma visita inesperada. Era o empresário, que dizia ter-se sensibilizado com minha carta e comprometendo-se a me apoiar no que eu precisasse para realizar esse sonho.

A vida na minha comunidade era horrível. Quem mora em lugares abandonados pelo Poder Público entende o que estou dizendo. Eu tinha certeza de que, concluindo esse curso, poderia ajudar a devolver a alegria de viver a todos que ali moravam...

E foi a contribuição decisiva do doutor Rogério que tornou esta história possível. Ele é o proprietário da maior construtora da minha cidade, e um grande benfeitor.

Senhoras e senhores, convido a subir ao palco, para os aplausos de todos, o doutor Rogério de Oliveira Borba, pessoa a quem devo a minha formação de engenheiro ambiental e sanitário.

Ele subiu ao palco e, convidado a dizer algumas palavras, foi breve:

Senhoras e senhores, não sou de fazer discurso. Queria apenas dizer que eu também estou muito feliz com a formatura do Donato. Vale a pena apoiar pessoas de valor, que lutam pelos seus objetivos. Donato se tornou quase um filho para mim, e devo reconhecer, com muita alegria, que cumpriu integralmente os compromissos assumidos quando lhe concedi a bolsa de estudos. Quem merece os aplausos, portanto, é ele. Muito obrigado.

Enfim, mãos à obra

Naquele mesmo dia, o doutor Rogério me fez um convite para trabalhar na construtora dele. Eu seria o primeiro engenheiro ambiental e sanitário a fazer parte de sua empresa. A construtora ainda não possuía um profissional com essa formação. Aceitei o convite, sugerindo que o meu primeiro projeto fosse feito na minha comunidade.

Eu estava formado e empregado. O que mais poderia desejar?

Fiz o projeto, que foi aprovado pela câmara dos vereadores e pelo prefeito, e entrou em operação naquele mesmo ano. E foi assim que a comunidade em que eu morava passou a receber os benefícios a que tinha direito.

E eu fiquei imensamente feliz por realizar o grande sonho de quando eu tinha apenas 10 anos.

Dali para frente, a empresa do doutor Rogério começou a dedicar-se a obras de saneamento básico, prestando serviços para muitos outros municípios e estados.

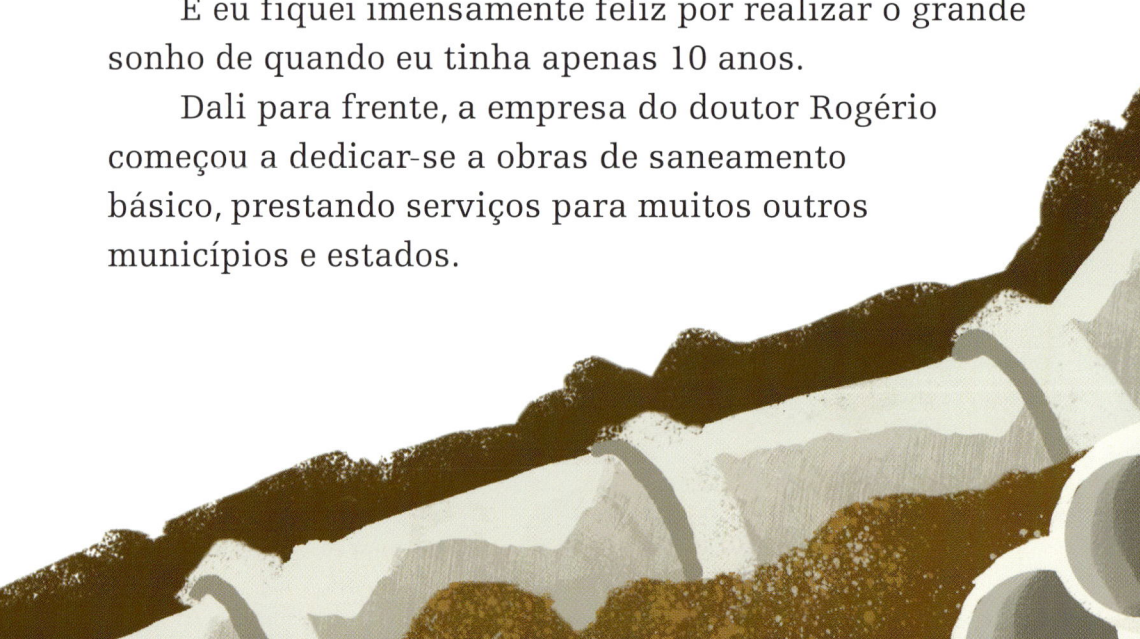

E, com isso, eu tive a oportunidade de devolver a tantas pessoas o direito a viverem num ambiente saudável. Os governantes desses lugares entenderam que dinheiro aplicado em saneamento básico não é dinheiro gasto, é dinheiro ganho, porque aplicar em saneamento é aplicar em saúde, em qualidade de vida...

Epílogo

Às vezes, as coisas não acontecem do jeito que a gente quer e na hora que queremos. O importante é não desistir, não perder o foco e caminhar sempre na direção que escolhemos.

A vida é muito boa quando podemos ter sonhos e realizá-los.

O que aconteceu comigo pode acontecer com qualquer pessoa, inclusive com você. Nossas vidas têm mais sentido na medida em que fazemos algo pelos outros. Pensar apenas em si próprio é pensar pequeno. Pensar nos outros é pensar grande. Foi assim quando pedi uma bolsa de estudos.

Fico feliz que tenha sido assim. Espero que a partir de agora todos tenham um novo olhar para o saneamento básico.

Se você tem o privilégio de morar em um lugar com saneamento básico, pense nos milhões de brasileiros e pessoas mundo afora que ainda não desfrutam desse benefício.

Saneamento básico tem a ver com saúde, com respeito à vida, com a dignidade da pessoa humana e, sendo assim, **é direito de todos!**

Quem é
Fernando Carraro

Nasci em uma bela cidade do interior paulista, Americana, em 1º de maio de 1942. Atualmente vivo na cidade de São Paulo com minha família.

Formado em História, Geografia e Pedagogia, dediquei grande parte da minha vida ao magistério. Ao escolher o curso de Geografia, assumi um compromisso com o planeta: amá-lo e protegê-lo. Para tanto, escrevo livros sobre questões ambientais com a intenção de alertar os meus leitores para a preservação da vida no planeta e formar cidadãos responsáveis e conscientes. Com frequência, visito escolas, interagindo com meus leitores. Minha experiência como escritor surgiu aos 14 anos. Foi com essa idade que escrevi meu primeiro livro. Foi bem mais tarde, porém, que comecei a me dedicar inteiramente a essa atividade. Hoje são cerca de 40 livros publicados, a maioria pela FTD. Em cada um dos meus livros, uma história, uma mensagem, uma semente, para nos levar a refletir sobre a responsabilidade que nos cabe em relação ao planeta em que vivemos. Cuidar deste planeta que nos dá tudo, mais do que uma obrigação, é um ato de amor.

Quem é
Isabela Santos

Sou formada em Design Gráfico pela Universidade Estadual de Minas Gerais e trabalho na área de ilustração infantojuvenil desde 2002. Ilustro revistas como *Atrevida*, *Atrevidinha* e também livros para diversas editoras. Recentemente, ilustrei o projeto Pipo e Fifi: Prevenção de Violência Sexual na Infância, vencedor do Prêmio Criança 2014 da Fundação Abrinq.